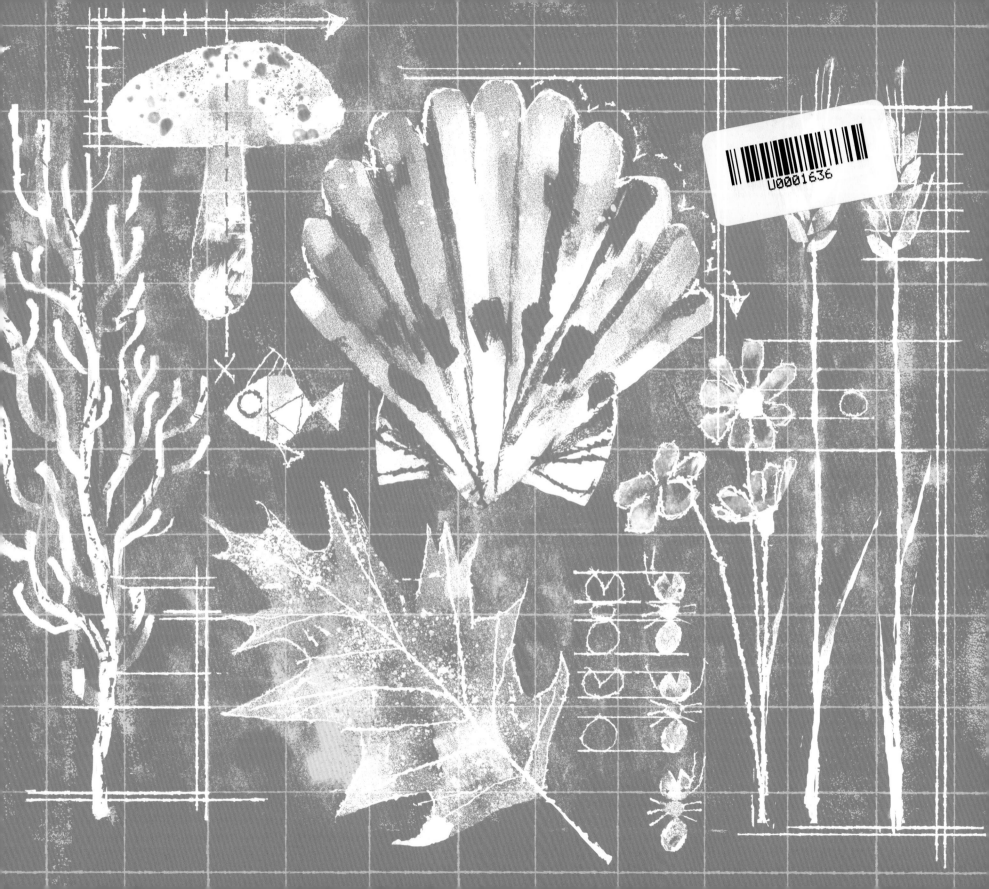

Exploring 010

上天下海，動物蓋房子

作者｜艾米·切利克斯 Amy Cherrix
繪者｜克里斯·佐佐木 Chris Sasaki
譯者｜林大利

字畝文化創意有限公司
社長兼總編輯｜馮季眉
責任編輯｜巫佳蓮
美術設計｜丸同連合
出版｜字畝文化／遠足文化事業股份有限公司
發行｜遠足文化事業股份有限公司（讀書共和國出版集團）
地址｜231 新北市新店區民權路 108-2 號 9 樓
電話｜(02)2218-1417
傳真｜(02)8667-1065
客服信箱｜service@bookrep.com.tw
網路書店｜www.bookrep.com.tw
團體訂購請洽業務部 (02) 2218-1417 分機 1124

法律顧問｜華洋法律事務所　蘇文生律師
印製｜通南彩色印刷有限公司

2022 年 9 月　初版一刷
2024 年 3 月　初版二刷
定價｜350 元　書號｜XBER0010
ISBN 978-626-7069-84-4

上天下海

動物蓋房子

ANIMAL ARCHITECTS

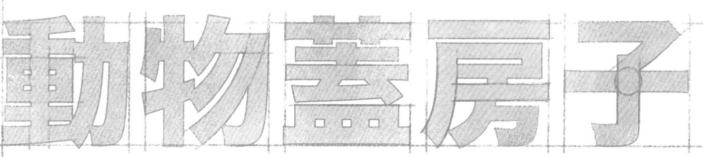

文 艾米·切利克斯
Amy Cherrix

圖 克里斯·佐佐木
Chris Sasaki

譯 林大利

你知道嗎？大自然到處都能
蓋房子。無論大樓還是小屋，
在海裡或是陸上，動物都是
了不起的建築師！

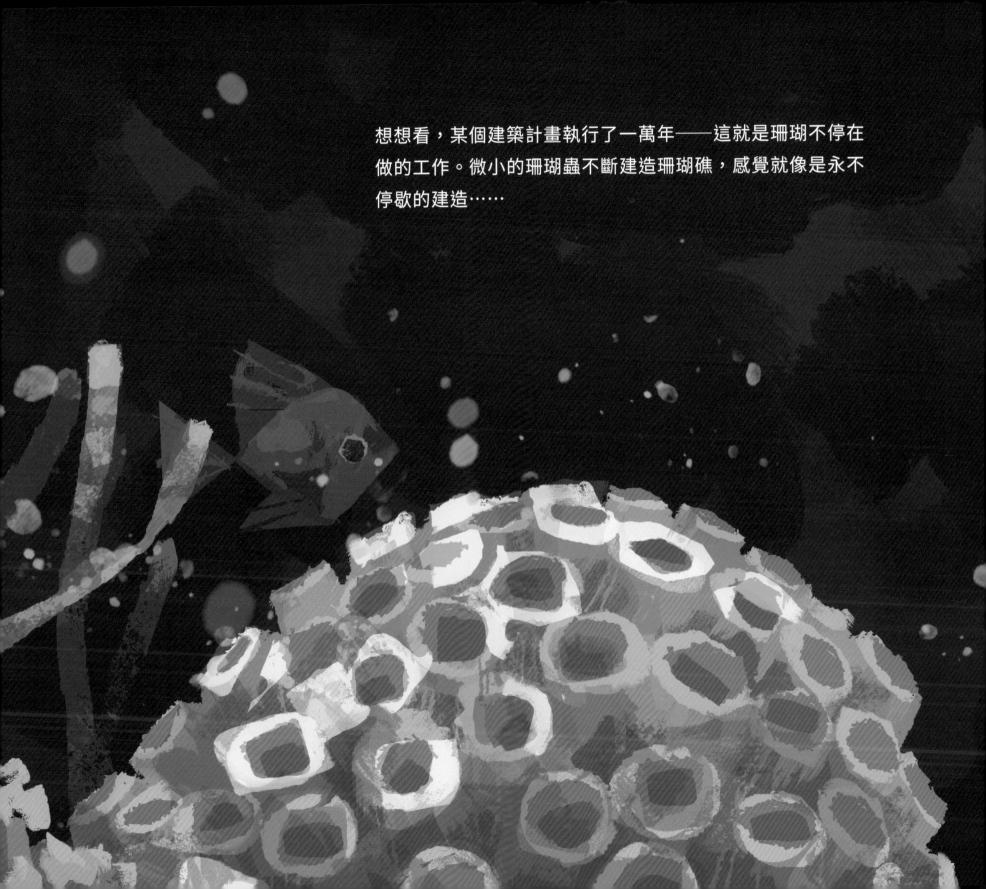

想想看，某個建築計畫執行了一萬年——這就是珊瑚不停在做的工作。微小的珊瑚蟲不斷建造珊瑚礁，感覺就像是永不停歇的建造……

一座海底城市！

澳洲生生不息的大堡礁，是世界上最大的生物結構，佔地三萬四千多平方公里 *，甚至從外太空都看得到。

* 相當於十個臺灣大！

螲蟷 * 用蛛絲製作蓋子，蓋住地下巢洞的入口。
長長的絲線從洞穴中蔓延到地面上。然後等著下一
個獵物上門……

* 螲蟷是一群會挖洞築巢的蜘蛛，
　洞口的蓋子用自己的絲線織成，
　又叫做垃土蛛。

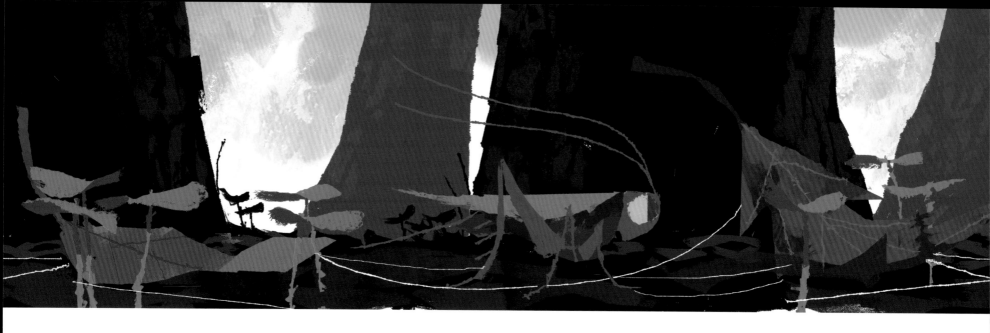

當毫無戒心的昆蟲踩到蜘蛛絲時，洞穴會像無聲的門鈴一樣震動。

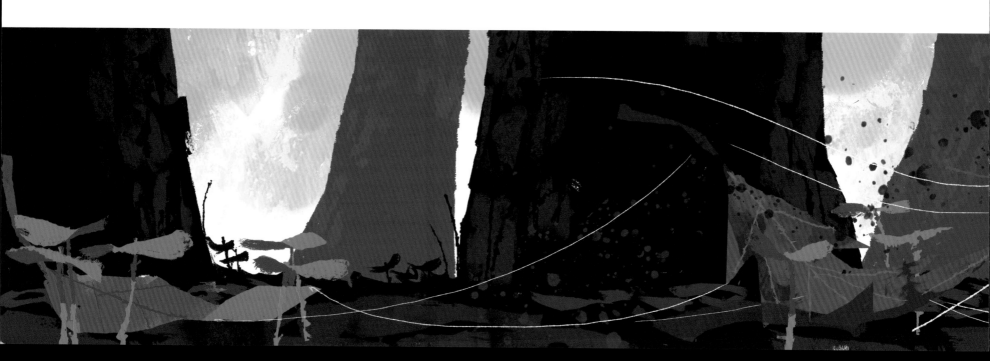

咻咻！ 飢餓的螳ㄉㄤˊ蜋ㄌㄤˊ從精心設計的蛛絲門後面撲了過來！
牠終於吃到了美味的點心。

一隻雄緞藍亭鳥花了好幾天收集草葉和細枝，
打造一間小屋或是倒立拱形，做為牠的花亭。

關鍵時刻很快就要到了⋯⋯

花亭華麗登場！

雄鳥必須有美輪美奐的花亭，才能吸引配偶。
牠小心翼翼的在迎賓大門處，放置五顏六色的
花瓣和閃亮貝殼。
啾！！啾！！
緞藍亭鳥發出鳴叫，誰會是第一位佳麗？

這隻小螞蟻是強壯的搬運工 *。
從蟻丘拖出來的泥土，比她還要
重！幸好牠不是自己一個，在蟻
丘下，數百萬計的雌工蟻正在建
造……

＊螞蟻大多由牠們的大顎搬運物品，插圖為繪者的創意表現。

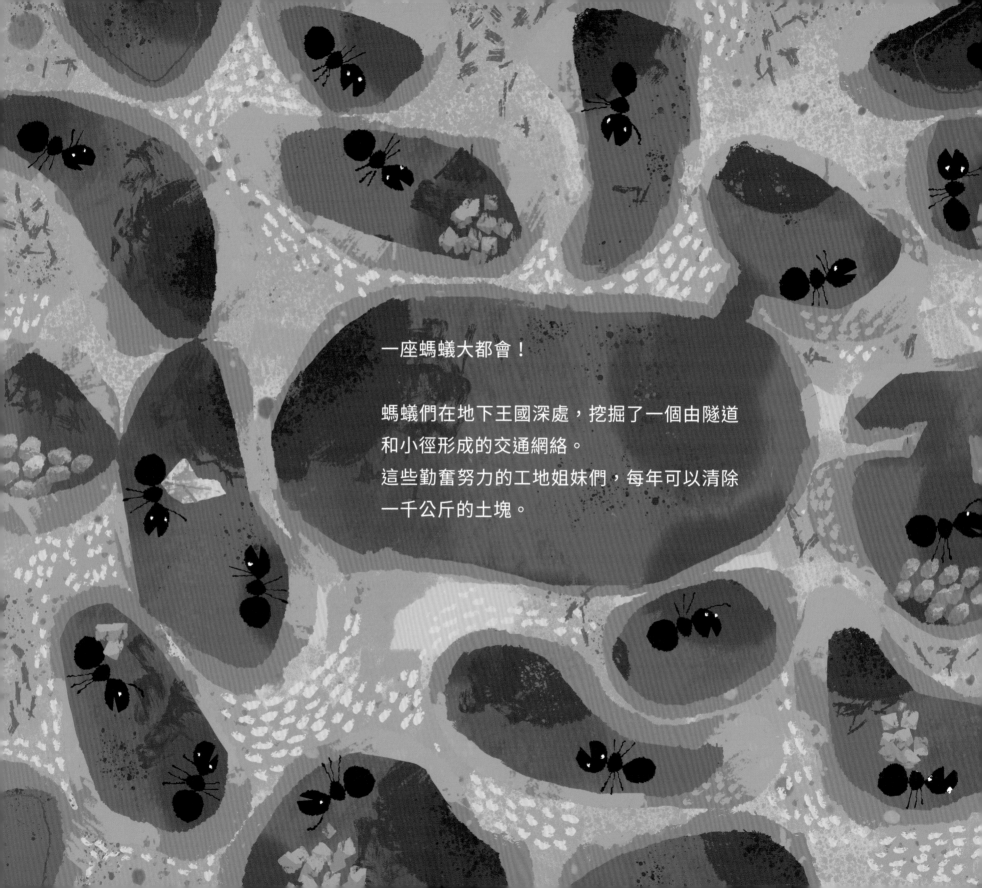

一座螞蟻大都會！

螞蟻們在地下王國深處，挖掘了一個由隧道
和小徑形成的交通網絡。
這些勤奮努力的工地姐妹們，每年可以清除
一千公斤的土塊。

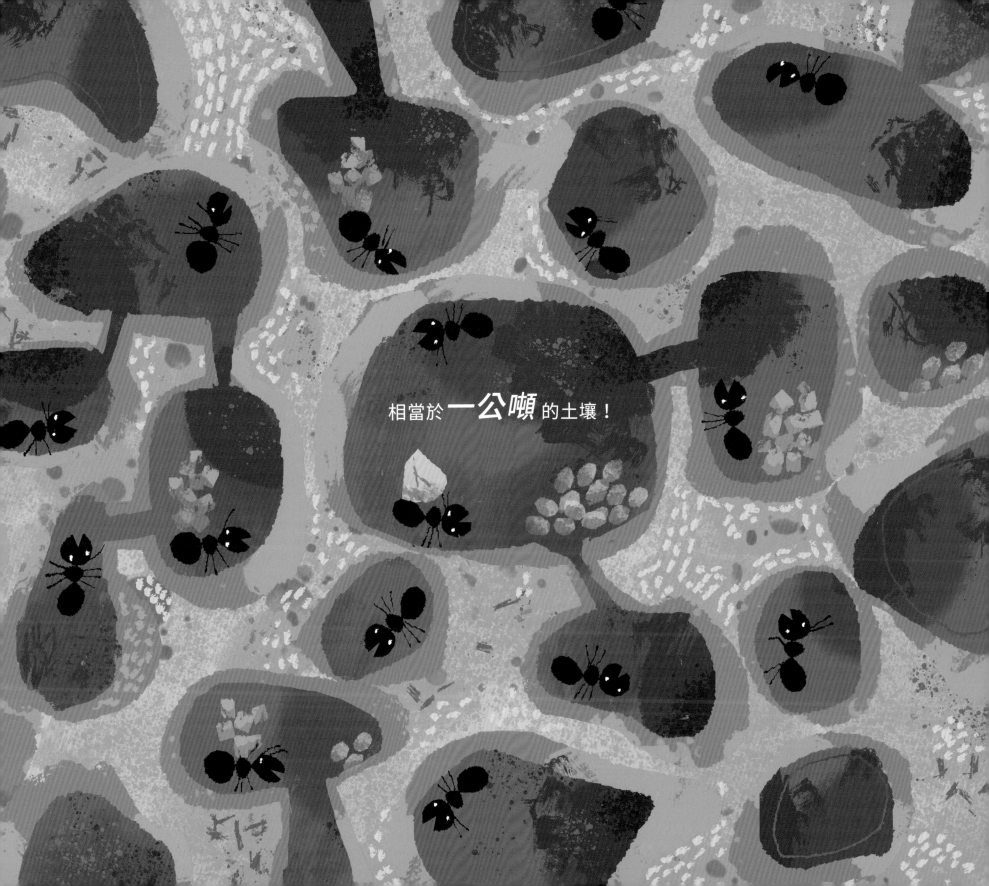

相當於 **一公噸** 的土壤！

一對巴布亞企鵝在南極的海灘上整理鵝卵石。
雌鳥很快就要下蛋，不能再浪費時間了。

牠需要……

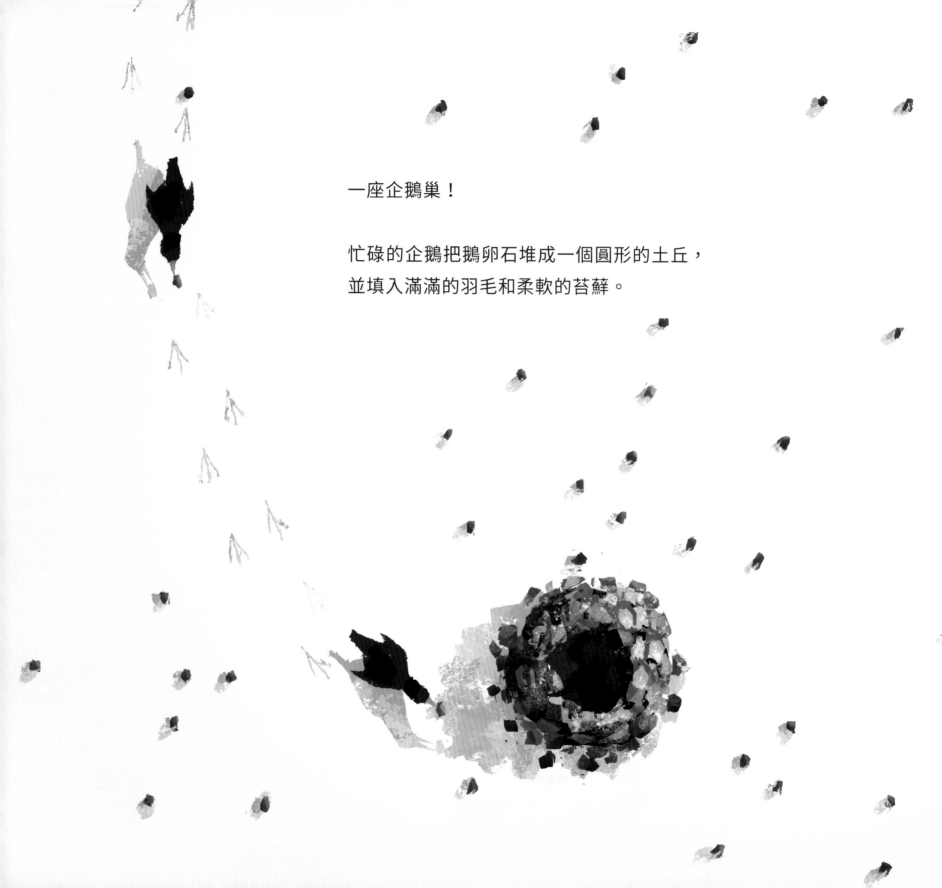

一座企鵝巢！

忙碌的企鵝把鵝卵石堆成一個圓形的土丘，
並填入滿滿的羽毛和柔軟的苔蘚。

當企鵝媽媽準備就緒，牠會坐在巢中，
在鵝卵石宮殿裡下蛋。

黑尾土撥鼠是挖洞專家。牠們地底下的家，就像由蜿
蜒隧道組成的高速公路，裡面有臥室、餐廳和廁所。
隨著洞穴的擴張，它變成⋯⋯

一座土撥鼠鎮！

目前紀錄上最大的土撥鼠鎮，佔地六萬四千多平方公里 *，
有多達四億隻黑尾土撥鼠住在裡頭！

* 相當於兩個臺灣的面積！

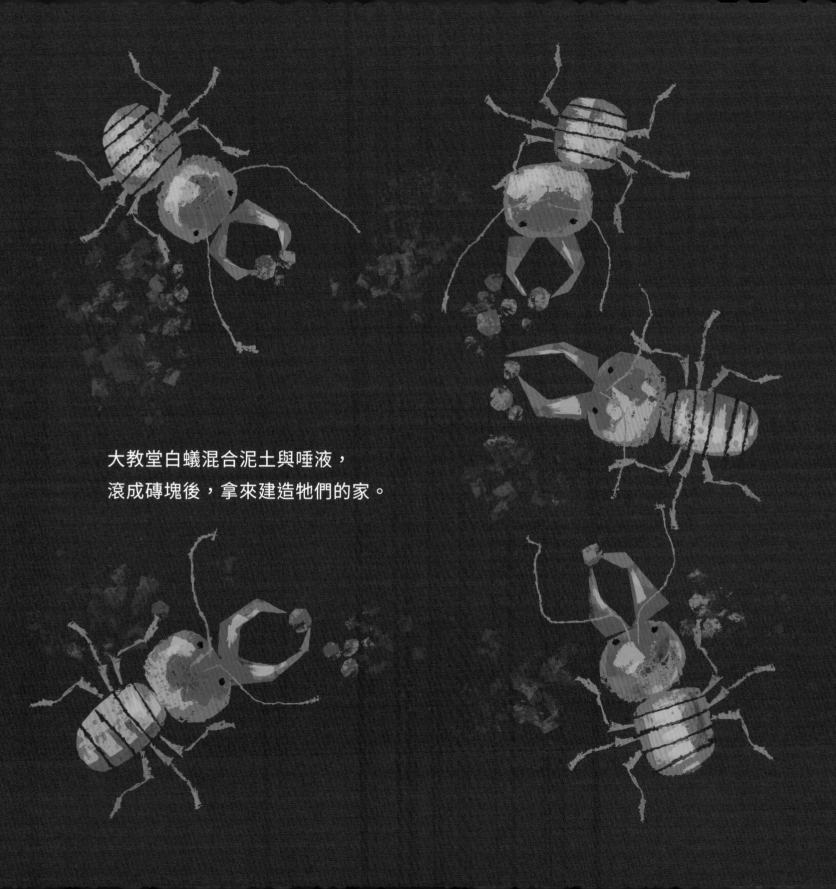

大教堂白蟻混合泥土與唾液，
滾成磚塊後，拿來建造牠們的家。

隨著磚塊一個接著一個往上疊，一座將近
三層樓的高塔從沙漠上升起，變成了……

一座白蟻丘！

在這棟沙漠中的高樓大廈裡，數百萬隻小工兵如何保持涼爽呢？土丘的獨特形狀在白天會儲存熱能，到了晚上再釋放，白蟻就住在太陽能塔中。

綴殼螺是聰明的工匠，牠的身體會分泌
像膠水的黏性物質。
綴殼螺用強壯的步足將附近的貝殼附著
在自己的殼上，最後打造出⋯⋯

一套盔甲！

這些空殼就像額外長出的尖刺，
有助於保護綴殼螺，防止飢餓的
掠食者把牠當作柔軟的海鮮大餐。

一隻忙碌的蜜蜂正在暢飲花朵中的花蜜。
當牠吃飽喝足,蜜蜂就會回家幫忙建造⋯⋯

一個蜂窩！

在蜂窩裡面，蜜蜂會將花蜜傳給更多的蜜蜂，製成蜂蜜。牠們也會把甜美的糖水與蜂蠟混合咀嚼，做成堅固的蜂膠來打造蜂巢。蜂蠟和蜜蜂的團隊精神，將整個蜂群緊密的凝聚在一起。

河狸是天生的伐木工。只要三分鐘，
牠就能啃倒一棵大樹！

接著，牠讓沉重的原木漂浮在水中，
用來建造……

一座河狸壩！

雄河狸和雌河狸一起將沉重的石頭推到正確
的位子，再用爪子抓起泥土。

河狸壩完工後，就成為河狸一家安全的小屋
和全新的泳池，森林裡的所有動物都能自由
享受。

巢鼠比你的拇指還要小，但是牠有著又長又強壯的尾巴，
可以在牠工作時，將牠固定在粗厚的草莖之間。

巢鼠用鋒利的牙齒將草葉撕成條狀，再用爪子將
草葉整理起來。接著，牠開始編織一個小草球。
兩天後，草球變大了，最終變成……

一個巢鼠窩！

一個網球大小的鼠窩，安全的
懸掛在蘆葦叢中。

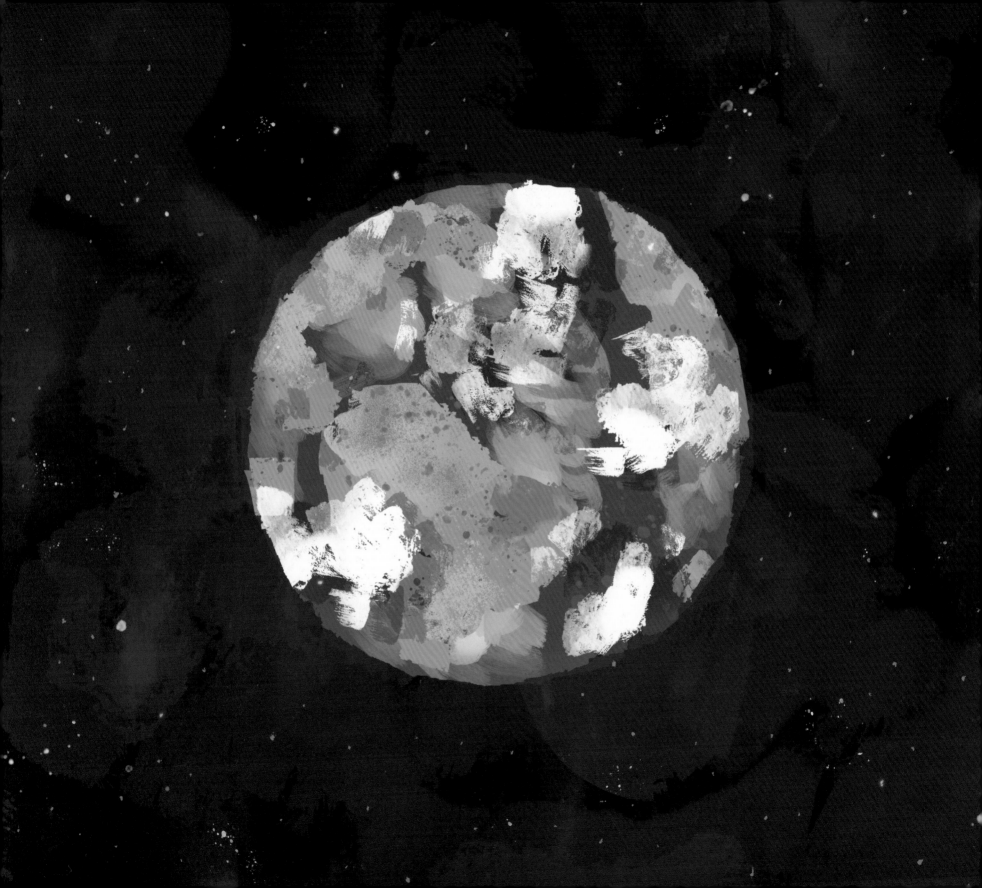

你看見的每個角落，動物建築師都在努力工作，
設計、建造和裝飾牠們驚人的動物王國。

艾米‧切利克斯 Amy Cherrix

作家、接案編輯，西蒙斯大學兒童文學碩士，曾任書店童書採購，現居美國北卡羅萊納州。
著作包含《院子裡有熊！保育、棲地變遷和都市野生動物的崛起》暫譯、《風暴之眼：美國太
空總署、無人機和破解颶風密碼的競賽》暫譯等。

克里斯‧佐佐木 Chris Sasaki

動畫藝術總監、插畫家，現居美國加州。曾擔任皮克斯動畫《怪獸大學》、《可可夜總會》、《腦
筋急轉彎》的角色設計。知名童書創作包括《家是一扇窗》暫譯、《紙兒子：移民藝術家黃泰
魯斯的勵志故事》暫譯等。

林大利

本書譯者，特有生物研究保育中心助理研究員、澳洲昆士蘭大學生物科學系博士班研究生。
由於家裡經營漫畫店，從小學就在漫畫堆中長大。出門總是帶著書、會對著地圖發呆、算清
楚自己看過幾種小鳥。是個「龜毛」的讀者，認為「龜毛」是探索世界的美德。